穿越千年的文化之旅

我们的古代发明

瓦猫工作室 编著

长江出版传媒　长江文艺出版社　湖北九通电子音像出版社

图书在版编目（CIP）数据

我们的古代发明 / 瓦猫工作室编著. — 武汉 ：长江文艺
出版社，2023. 6
（穿越千年的文化之旅）
ISBN 978-7-5702-2571-2

Ⅰ. ①我… Ⅱ. ①瓦… Ⅲ. ①创造发明 – 技术史 – 中
国 – 儿童读物 Ⅳ. ① N092-49

中国版本图书馆 CIP 数据核字 (2022) 第 034265 号

我们的古代发明
（穿越千年的文化之旅）
Women de Gudai Faming
（Chuanyue Qian Nian de Wenhua zhi Lü）

责任编辑：黄海阔 叶丹凤
责任校对：刘慧玲
插图绘制：郑毅超
设计制作：至象文化

出 版：长江文艺出版社 湖北九通电子音像出版社
发 行：湖北九通电子音像出版社
地 址：武汉市雄楚大街 268 号出版文化城 C 座 19 楼
邮 编：430070
业务电话：027-87679391
印 张：3.5
开 本：787mm×1092mm 1/12
版 次：2023 年 6 月第 1 版
印 次：2023 年 6 月第 1 次印刷
印 刷：湖北新华印务有限公司
书 号：ISBN 978-7-5702-2571-2
定 价：30.00 元

目 录

秦始皇修建的阿房（ē páng）宫有一扇巨大的门，凡是身上藏有兵器的刺客经过都能被发现，你知道是为什么吗？

指示南北的磁针——指南针

指南针是我国古代四大发明之一，可以用来判断方向，它的原理就是磁石的指极性。两千多年前，我们的祖先在采矿、冶炼中发现了能吸铁的磁石，磁石的同性磁极互相排斥，异性磁极互相吸引。西汉时期，一位名叫栾大的方士做了两颗棋子，通过不同的摆放方法，可以让棋子一会儿互相吸引，一会儿互相排斥。栾大称其为"斗棋"，并将棋子献给了汉武帝。汉武帝十分高兴，封他做了"五利将军"。其实这两颗棋子就是用磁石做的，所以能相互排斥或吸引。

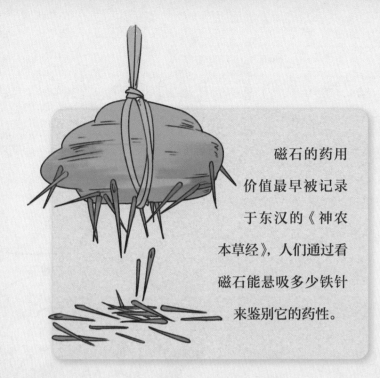

磁石的药用价值最早被记录于东汉的《神农本草经》，人们通过看磁石能悬吸多少铁针来鉴别它的药性。

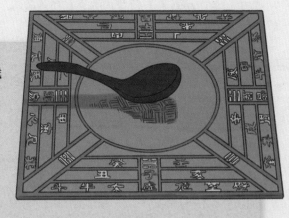

战国时期，我们的祖先利用天然磁石造出了人类历史上第一个指向工具——司南。

据《鬼谷子》记载，郑国人采玉时会随身携带司南，以免迷失方向。

宋朝时期，人们把用天然磁石摩擦过的针与标有方位的部件组合制成了罗盘。到了北宋末年，中国的海船上开始使用指南针，后来指南针经阿拉伯商人传到西亚和欧洲，大大促进了世界航海技术的发展。

扫码看

自制指南针
（来做一个简易的指南针吧！）

古代有一种养针盒，这种盒子里面有一些磁石，一旦磁针失去磁性，便可以用盒里的天然磁石不断给针续加磁性，这样出海几个月都不怕找不到方向了。

3

炼丹的意外收获——火药

火药是我国古代四大发明之一。相传，火药的发明者是隋唐时期的"药王"孙思邈。那时，孙思邈为了能救治更多的病人，准备炼制新的丹药。他把硫黄、硝石掺和在一起，研碎后放进砂罐中烧炼。谁知砂罐中竟然冒起了烟，然后"呼——"的一声蹿出巨大的火苗，孙思邈的眉毛和胡子都差点烧没了。他对这种现象十分困惑，赶紧记录下了整个过程。

后人对孙思邈记录的这种黑色粉末十分好奇，经过不断调配、实验，制成了炸药，并应用在很多地方。

丹经

唐朝末年，火药配方传到了军事家手中，此后他们在使用过程中制造出了火药武器。

火药的主要成分

硫黄

硝石

炭

火药箭

霹雳火球

火蒺藜

突火枪（竹管）

火铳

震天雷

神火飞鸦

古代宫廷还将火药应用在各种节日庆典中，制成了爆竹和烟花。

树皮的回收利用——造纸术

造纸术是我国古代四大发明之一。纸是我们日常生活中必不可少的书写用品，西汉时期，人们就已经懂得了用丝絮和麻来造纸，但是这种纸不仅成本高，而且很粗糙，书写起来不方便。

东汉时，宦官蔡伦用树皮、破布等便宜的原料造纸，不仅降低了纸的成本，还使纸的质量和产量有了很大提高。此后纸逐渐成为人们广泛使用的书写材料并传遍世界各国，对世界文明的发展做出了重大贡献。

扫码看

古法造纸
（用花瓣和叶片来造纸吧！）

洗涤原料

浸渍沤制

烧制草木灰

蒸煮、舂捣

制浆

捞取纸浆、晾晒

纸张发明之前，人们用什么来记录文字呢?

在 3500 多年前的商朝，文字被刻在龟甲和兽骨上。到了春秋战国时，人们用竹片和木片代替龟甲和兽骨，并称之为"竹简"和"木牍"。后来，人们发现用蚕丝制作的缣帛柔软轻便，幅面宽广，非常适合用作书法、绘画的材料，但价格昂贵，只有贵族才用得起。

学富五车

在造纸术普及之前，人们把文字写在竹简上，往往写一篇文章就需要很多卷竹简。战国时期，思想家惠施外出游学，随身携带的书简装了五辆马车。庄子称赞说"惠施多方，其书五车"，意思是赞扬他学识渊博，书多得连五车都装不下。后来人们渐渐用"学富五车"来形容一个人读书多，学问丰富。

灵活的印刷组合——活字印刷术

印刷术是我国古代四大发明之一，其中活字印刷术的发明与北宋一位名叫毕昇的工匠有关。毕昇是一位雕版印刷工匠，他发现雕版印刷不仅耗时费力，而且无法重复利用。有一次，毕昇看到两个小孩在玩泥偶，突然想到一个改进印刷术的方法。毕昇用胶泥做成一个个长柱体，一面刻上字，再用火烧硬，就成了一个个活字。印书的时候，他用松香和蜡把这些活字粘在一块带框的铁板里，一块活字版就排好了。后来，活字印刷术广泛传播到世界各地，成为印刷史上一次伟大的技术革命。

制字

扫码看

橡皮印章制作
（你也来用橡皮擦做
一个简单的印章吧！）

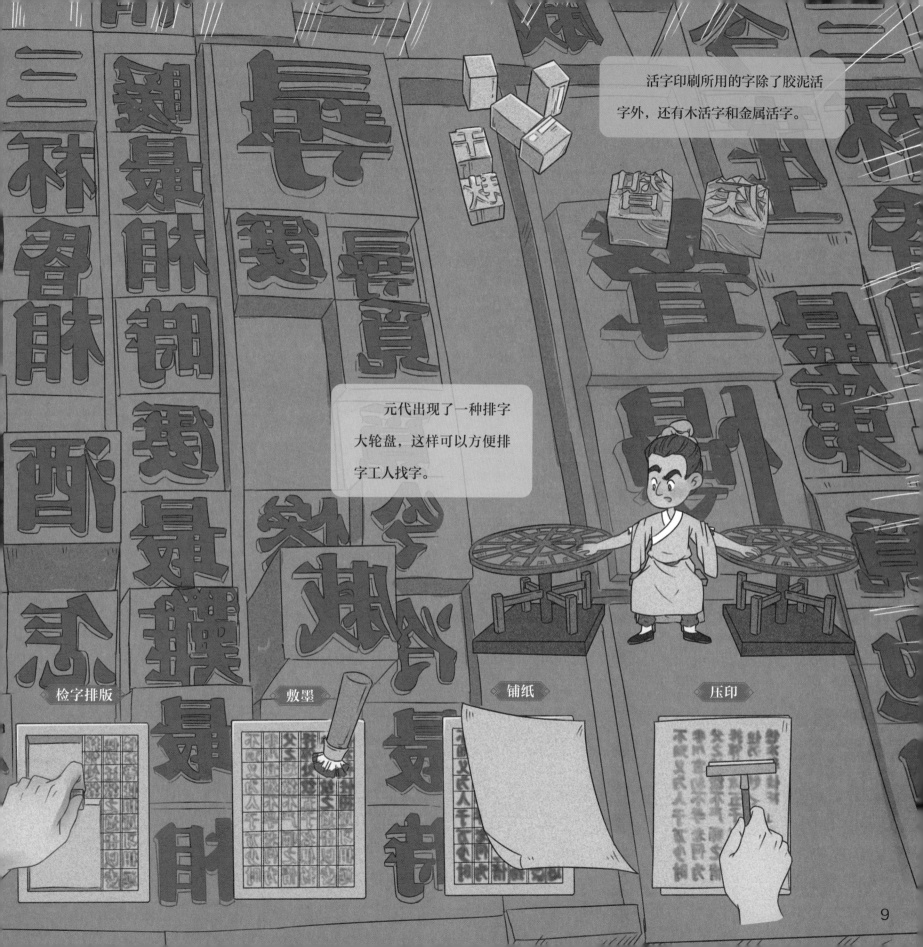

活字印刷所用的字除了胶泥活字外，还有木活字和金属活字。

元代出现了一种排字大轮盘，这样可以方便排字工人找字。

检字排版　　敷墨　　铺纸　　压印

神奇的东方疗法——针灸

　　针灸是我国中医通过特定方式刺激人体穴位治病防病的方法，包含针法和灸法，其中针法是用特制针具针刺穴位，灸法是用燃烧的艾绒或其他热源温烤穴位。据说针灸最早源于新石器时代，那时候人们偶然发现用石块按压身体部位和用火熏烤身体部位可以缓解疼痛，后来扁鹊发现铁针细小灵活，比石头好用多了，于是改良了针灸工具。

用灸柱燃烧产生的热气刺激穴位。

用针具刺激穴位。

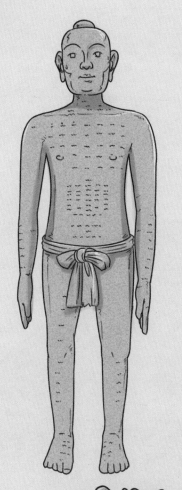

最早的针灸铜人是北宋医官王惟一制造的教学考试用具。它的高度和正常成年人接近，身体表面标注了穴位位置和名称，后来因为战乱下落不明，之后历代多有复制铜人。现如今，铜人作为针灸学的形象代表已走向了世界。

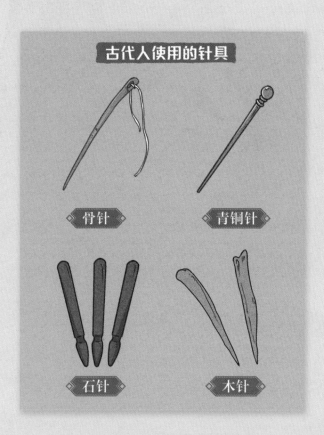

古代人使用的针具

骨针

青铜针

石针

木针

最早的疫苗接种——人痘接种术

许多疾病都是由病毒引起的。被人类彻底消灭的天花病毒曾是一种在世界范围内传播的病毒，其传染性强、致死率高。那时，人们发现得过天花且存活下来的人，不会再得天花。于是中国古代医学家开始尝试人为使健康儿童受到一次轻微的天花病毒感染，来达到预防目的，这就是人痘接种术。

痘衣法：将天花患者的内衣给受种者穿上。

我国古代的四种人痘接种方法

旱苗法：取即将痊愈的天花患者身上脱落的痘痂，碾成粉末，再用一根细管将粉末吹进受种者的鼻腔内。

痘浆法：用棉花蘸取天花患者身上的疮浆，然后塞入受种者的鼻腔内。

水苗法：在旱苗法的基础上把痘痂研成粉末后加水调匀，再用棉花蘸取并塞入受种者的鼻腔内。

人痘接种术传入英国后，英国人一直使用这种方法避免天花的危害。后来，英国人琴纳受到人痘接种术的启发，发明了更为安全的牛痘接种术，最后促成了现代免疫学的诞生和发展。

13

造船的奇妙法门——水密舱壁

水密舱壁是中国古代造船工艺方面的一项重要发明，是用隔舱板将船舱分成几个互不相通的独立船舱。即使其中一个船舱漏水了，也不会影响其他船舱的使用，船可以继续安全行进。据说这种造船工艺起源于东晋末年。

扫码听

卢循改造船的故事

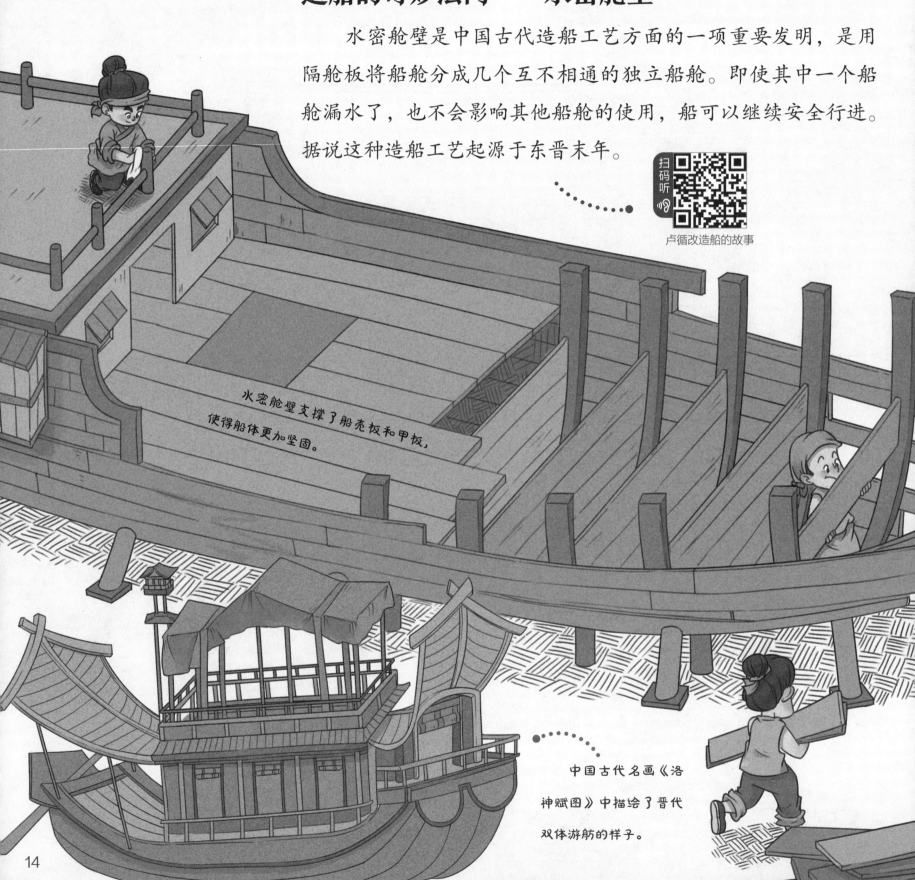

水密舱壁支撑了船壳板和甲板，使得船体更加坚固。

中国古代名画《洛神赋图》中描绘了晋代双体游舫的样子。

最早的船是什么样子？

远古时期，人们用树枝、树干等来做渡水工具，发明了筏和独木舟。筏是将树枝、树干用芦苇或藤条绑在一起制成的。独木舟是将树干的两端削尖、中间挖空制成的。

郑和下西洋

郑和奉皇帝的命令，出使西洋各国，在中国、东南亚、阿拉伯半岛和非洲东海岸之间往返多次，不仅传播了中华灿烂的文化，更架起了中国与亚非国家之间友谊的桥梁。

郑和用以远航的船只中最大的海船除了载人，还用来装运各种宝物，因此被称为"宝船"。

明朝时期是中国古代造船技术的鼎盛时期，出现了许多大型造船厂。正是有了这些先进的造船技术，郑和才能多次率领船队下西洋。郑和船队中最大的船有几层楼那么高，是当时世界上最大的木帆船。

最早的天文仪器——水运仪象台

　　中国古代皇室对天空中出现的各种天象非常重视，历朝历代都会安排专职人员日夜不停地观测天象。宋哲宗继位时，为了展示自己登基的新气象，便让博学的苏颂修建新的天象台。这可是一个大工程，已经六十六岁的苏颂一个人是很难完成的。苏颂得知吏部有一位叫韩公廉的官员精通数理、天文，擅长制作仪器，于是让他参与了建造工作。他们花了近六年的时间，终于建成了一座既可以观测天象，又可以报时的天象台。整个仪器用水力推动运转，因此被称为"水运仪象台"。

　　古时候没有钟表，人们会通过观察日月星辰来确定时间。元朝的天文学家郭守敬根据天象观测算出了一年有多少天，编制了当时最先进的历法——《授时历》。

河南登封观星台是中国现存最古老的天文台。

古代的时钟——日晷（guǐ）

水运仪象台是世界上最古老的天文钟，由浑仪、浑象、报时装置和动力装置组成。台分三层，顶层的浑仪可用来观测日月星辰的位置，中间的浑象能模拟天象，底层是自动报时装置和水动力组件。

古代测定天体位置的浑天仪

地下的天然食盐——井盐深钻汲制

盐是我们生活中的必需品之一，从古至今人们制盐的方式多种多样。井盐深钻汲制是一种通过钻井取得卤水用以制盐的传统手工技艺，这种技艺在我国源远流长。战国时期，李冰带领百姓开凿了中国第一口盐井——广都盐井，从此拉开了中国井盐生产的序幕。

在交通不便的古代，住在内陆地区的人们为了满足生活中对盐的需求，通过凿井开采地表之下的卤水，然后用蒸发结晶的方式制成可以食用的盐，这样制出的盐就叫井盐。

井盐深钻技艺

早期人们挖井汲卤完全靠人力挖开泥土、击碎岩石来完成，后来有人发明了冲击式顿钻凿井法：靠人力带动钻头上下运动，像踩跷跷板一样，利用钻头自由下落的冲击力击碎深井下的岩石，使井不断加深。这样凿出的井口小而深，燊（shēn）海井就是用这种方法凿成的。

燊海井刚开始凿成时，深1001.42米，是当时世界上第一口人工凿成的超千米深井，体现了中国古代成熟的钻井技术。

科学小实验

试一试，在一杯盐水里倒入豆浆，看看会发生什么。

天车是四川自贡盐场里用杉木捆扎而成的井架。为了一次提取更多的卤水，汲卤筒就得做长一点，这样搭建的井架就越来越高，盐工们便称这些井架为"天车"。历史上最高的一座天车有113米，相当于30多层楼那么高。

省力的灌溉工具——龙骨水车

　　龙骨水车也叫翻车，是我国古代农业灌溉方面的重要发明。相传，东汉时期的毕岚发明了翻车，但是翻车最初主要用于宫廷娱乐。后来，三国时期的马钧改造了翻车用以灌溉。

　　据说，马钧做了洛阳城内的一个小官后，得到了一片地。他想在那里种上蔬菜，可是那片地地势很高，浇水成了大难题。马钧花了几天时间做出了龙骨水车，它可以让河水通过架子上的木板慢慢流进高处的地里。这种灌溉工具方便又省力，后来被广泛运用到农业活动中。

有了龙骨水车，低处的水就可以源源不断地被提到高处来灌溉农田了。

桔槔（jié gāo）是古人在井上安装的取水装置，杠杆的一端系水桶，另一端系上重石块，当水桶中打满水后，在杠杆另一端石头的重力作用下，人们就能轻松地把水提上来。

辘轳（lù lu）也是提取井水的起重装置。绳子一端固定在转轮上，另一端系水桶，摇动手柄即可使转轮旋转，从而让绳子带着水桶上升或下降。

筒车是一种利用流水产生动力的灌溉设备，其原理主要是利用水流的冲击带动筒车的大轮转动，灌满水的小筒升到高处时，筒口倾斜，水流入水槽，最终沿着水槽流入农田，达到灌溉目的。

古代的劳动人民很聪明，他们为了快速清除谷物中的杂糠，发明了扇车。

大米的成长故事——水稻栽培

大米是我们餐桌上常见的主食，由水稻加工而成。中国是世界上水稻栽培历史最悠久的国家，而水稻的发现据说和上古时期的神农氏有关。

古时候人们把稻谷加工成大米一般要经过脱粒、扬壳和舂皮等工艺流程。

水稻全身都是宝

水稻结出的籽粒就是"稻谷"，晒干后去掉外壳就是"糙米"，再经过打磨加工就成了"大米"。大米不仅可以直接蒸煮食用，也可以用来酿酒，磨成粉后还可以用来制作米糕、米线等食物。

稻壳和稻秆不仅可以作为家禽和牲畜的饲料，还可以用来造纸。

中国式问候

中国人最常见的打招呼方式就是问"你吃饭了吗？"

扫码看

创意谷物贴画
（用不同的谷物来制作贴画吧！）

便捷的计数方法——十进制

十进制计数法是我国的一项重要发明，是以十为基数，再结合进位的一种计数法。相传，很久以前黄帝和蚩尤大战，黄帝取得胜利后，黄帝部族的邪曷（yé hé）负责清点获得的战利品。在统计俘虏人数时，邪曷犯了难。那么多人，十个手指头不够用，根本数不过来！这时，黄帝的另一位大将建议，把十个俘虏数好后绑在一起，这样依次数下去即可。最后，邪曷准确地数清了人数。后来，古人的日常生活便经常使用这个计数方法了。

古代记数方法

实物记数   结绳记数   书契记数

随着捕猎技术和工具的进步，人们打到的猎物越来越多，用上面的这些方法记数很不方便，聪明的古人又发明了计数单位和符号。

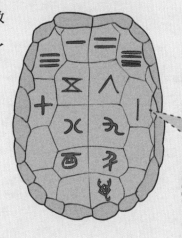

一 1	二 2	三 3
亖 4	Ⅹ 5	八 6
十 7	Ⅹ 8	九 9
	10		100		1000
	10000		

甲骨文中有13个记数单字，前面9个是数字，后面4个是位值符号。目前发现的最大甲骨文数字是 ꝡ（30000）。你知道50用甲骨文怎么表示吗？画一画。

扫码看
手指游戏：翻花绳

你知道吗？

我们平时使用的0、1、2、3、4、5、6、7、8、9其实是印度人发明的，因为被阿拉伯人带到世界各地，成为世界通用的计数符号，所以被称为"阿拉伯数字"。

梁

档

框（边）

木珠里的数学世界——算盘

算盘的使用在我国历史悠久，它的发明与古代的数学家刘洪有关。有一年，皇上命刘洪计算全国各地的人数、田亩数和赋税数。刘洪带领很多人用竹签没日没夜地算了几个月，眼看期限要到了，要算的数字却越来越复杂，他急需更方便的运算工具。刘洪日思夜想，最终从经历的一件小事中得到灵感，发明了一种新的运算工具——算盘。

扫码听

刘洪发明算盘的故事

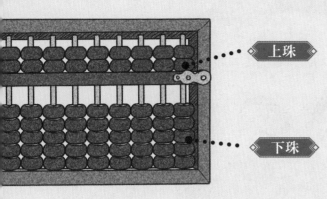

上珠

下珠

一般我们使用的算盘：

上方每个档有 2 个木珠，每个木珠代表 5；

下方每个档有 5 个木珠，每个木珠代表 1。

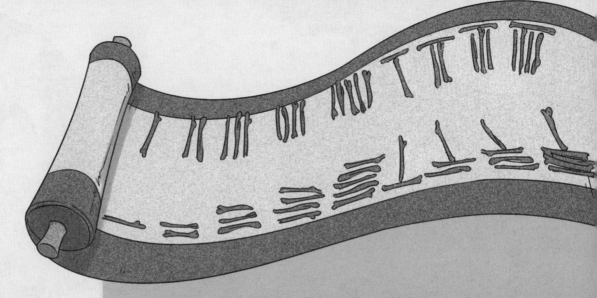

"算筹"是另一种计算工具，形似长短粗细一致的小棍子，制作材料有木头、金属、兽骨、象牙等。算筹可以纵横排列，个位用纵式，十位用横式，百位再用纵式，千位再用横式……这样从右至左，纵横相间。空位则表示零。猜猜看，下面的算筹表达的是什么数？

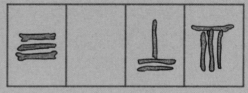

（答案：3078）

古代的"笔记本电脑"——文房四宝与算盘

古代商人外出做生意会携带一个盒子，盒子里面装有笔墨纸砚和算盘，这样就方便商人一边算账，一边记账。

"珠算"一词最早出现在汉代的《数术记遗》里，这本书里描述的算盘上面每个档只有 1 个珠，下面每个档只有 4 个珠，上珠和下珠用不同颜色来区别。

数术记遗

古代走街串巷的货郎，会在担子里放一把算盘。

超凡的饮食工艺——制茶

　　中国是茶叶的故乡，传说茶叶的发现和神农氏有关。神农氏是远古时期的部落首领，为了给人治病，他经常去野外采药。一次，神农氏无意中尝到一种味道清香的树叶，缓解了他采药的疲惫感，于是他摘了一些带回去，放在锅里煮。一股清新的气味升起来，神农氏凑近了仔细看，发现锅中的水已经微微泛黄。煮好的水尝起来有点苦，但是回味甘甜，还有提神醒脑的作用。后来，这种神奇的"饮品"流传到民间，就留下了饮茶的习俗。

陆羽的著作《茶经》收集历代茶叶史料，记述他亲身调查和实践的经验，介绍了唐代及以前茶叶的历史、产地、功效、栽培、采制、煎煮、饮用等内容，是中国古代最完备的一部茶书，被誉为"茶叶百科全书"。

用废旧报纸或杂志
来制作"水果茶"吧!

扫码看

"水果茶"手工活动

茶马互市

茶马互市是中国历史上汉藏民族之间一种传统的贸易方式,交易的双方以茶换马或以马换茶。

煎茶

点茶

古人最早会直接食用新鲜茶叶,后来慢慢把茶叶当作菜肴或用茶叶煮粥喝。到唐宋时期,饮茶更为讲究,出现了煎茶和点茶的饮茶形式,这两种方法都需要把茶碾成粉后再品饮。

《茶经》里记载的制茶工序有七道:采茶、蒸青、捣碎、拍压、烘干、穿连、封存。

衣物的温暖记忆——桑蚕丝织

养蚕缫（sāo）丝是中国古代劳动人民的重要发明，种桑养蚕的方法相传源于黄帝的妻子嫘（léi）祖。这一年天气格外寒冷，人们没有足够的动物皮毛做衣服和鞋子，嫘祖急得病倒了。嫘祖的朋友们来看望她，带了一些白色的"果子"。嫘祖发现这根本不是果子，而是由柔软丝线裹成的球。她突然想到可以用这种丝来做衣服，于是赶紧带着伙伴们去找这些"果子"。

经过几天的寻找，嫘祖发现这些白色的"果子"其实是蚕茧，长"白果子"的树就是桑树。在嫘祖的带领下，人们开始种植桑树、养蚕制衣，大家终于穿上了暖和的衣服，也揭开了我国种桑养蚕的历史。

蚕的一生要经过蚕卵—蚕宝宝—蚕蛹—蚕蛾四个阶段，它的生命大约有五十天的时间。

蚕结茧后四天左右，就会变成蛹。蚕在蛹期不吃不喝，外观没有形态变化，但体内却在剧烈蜕变。

刚产下的蚕卵是淡黄色的，即将孵化的卵会变成紫黑色。

蚕宝宝以桑叶为食，经过四次蜕皮逐渐长大，然后开始吐丝做茧。

蚕蛾有一对触角、两对翅膀、六只脚。

从蚕丝"变身"丝绸，主要经过缫丝、织造和染整三道程序。

缫丝就是将蚕茧浸在热水里，再将蚕丝抽出来。

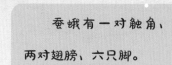
扫码看
蚕宝宝手工活动
（来做一只可以扭动的蚕宝宝吧！）

织造就是将生丝加工后分成经线和纬线，在织布机上按一定的规律织成丝织物。

绫绢

缂丝

织锦

染整是给织物上色并印上图案。

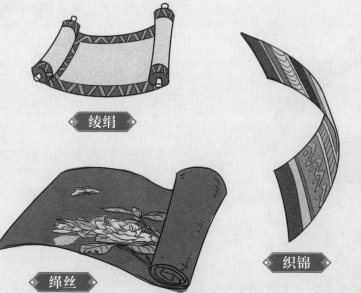

丝绸之路

丝绸之路由西汉时张骞出使西域开辟，是一条以长安（今西安）、洛阳为起点，最远到达西亚、非洲及欧洲的陆上贸易通道。因为西运的货物中丝绸制品运量较大，后来学者便将这条通道称为"丝绸之路"。

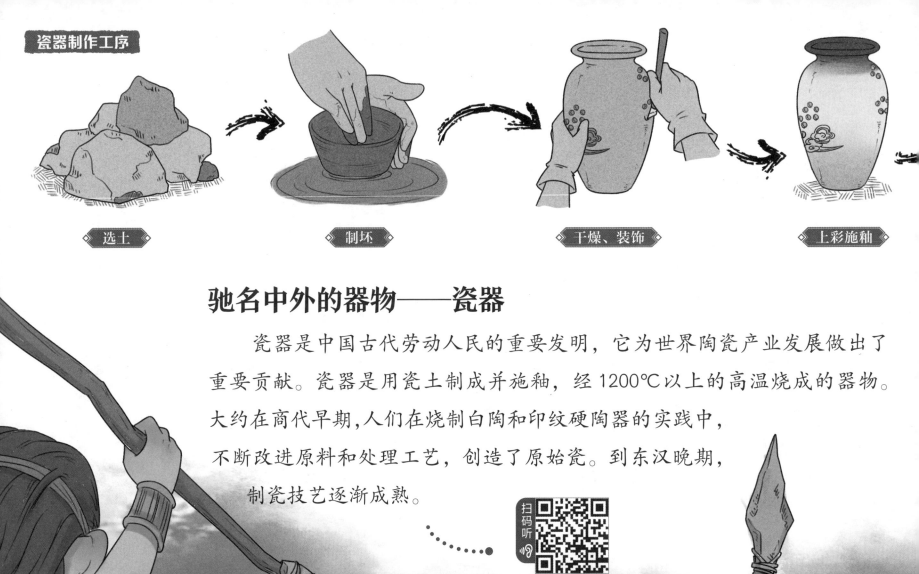

瓷器制作工序

选土 制坯 干燥、装饰 上彩施釉

驰名中外的器物——瓷器

　　瓷器是中国古代劳动人民的重要发明，它为世界陶瓷产业发展做出了重要贡献。瓷器是用瓷土制成并施釉，经 1200℃ 以上的高温烧成的器物。大约在商代早期，人们在烧制白陶和印纹硬陶器的实践中，不断改进原料和处理工艺，创造了原始瓷。到东汉晚期，制瓷技艺逐渐成熟。

扫码听

宁封子发明陶器的故事

入窑烧制

古时候宫廷里珍贵精致的瓷盆也会被用作宠物食盆。

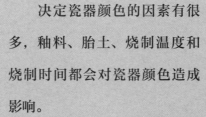

决定瓷器颜色的因素有很多，釉料、胎土、烧制温度和烧制时间都会对瓷器颜色造成影响。

用瓷土烧制的瓷器是中国特产，因而瓷器的英文名为"china"。景德镇是世界著名的瓷都，从元代至明清，历代皇帝几乎都会派官员到景德镇监制宫廷用瓷，设瓷局、置御窑。

青花瓷是一种彩绘装饰瓷，请用自己喜欢的线条和图案设计一个青花瓷盘吧！

扫码看

青花瓷盘美术活动

33

礼乐文明的集大成者——曾侯乙编钟

曾侯乙编钟是我国迄今为止发现的音律最全、气势最宏伟、保存也最完整的一套编钟，它反映了先秦时期音律学的高水准，也体现出当时高超的青铜铸造技术。传说这套编钟的制造和曾侯乙宠爱的妃子有关。

扫码听

曾侯乙和香妃的故事

工艺之最

盘龙舞凤的钟体纹饰、铜铸佩剑武士、错金铭文、彩绘木梁、蟠龙纹铜套、铜人座上的错嵌宝石，汇集塑、雕、刻、镂、漆、画、嵌、错等多种技法于一体。

音乐之最

这套编钟的最大特征是"一钟双音"，也就是说每件钟可以发出两个不同的乐音，两个乐音可分别击发而互不干扰，也可同时击发成悦耳的和声。

钟鸣鼎食

古代豪门贵族吃饭时要奏乐击钟，用鼎盛放各种珍贵食品。人们便用"钟鸣鼎食"来形容权贵的豪华排场。

你知道编钟是在什么场合下使用的吗？

钮钟

甬钟

镈钟

编钟是我国古代的礼乐重器，不仅用于祭祀天地、宴宾奉祖、祈安颂福，而且用以育人、教乐。古代统治者每逢重大庆典都会冶铸钟或鼎器，以示威严祥和之气。

中国古代乐器以制作材料为标准分为八类：金、石、竹、丝、匏（páo）、土、革、木，即"八音"。钟属于金类乐器。

扫码看

乐器手工活动
（用黏土捏一个"乐器"吧！）

35

神奇的黑白世界——围棋

围棋分为黑白两种颜色的棋子，相传是由上古时期的部落首领尧发明的。尧的儿子丹朱性情十分顽劣，经常虐待他人。为了改善儿子的性情，尧捡来一些黑色和白色的石子，又在地上画了一些格子，与丹朱玩石子棋的游戏，希望能磨炼他的心性。可是后来丹朱只借此学到了行军布阵的谋略，仍然不在乎百姓的疾苦。尧没有办法，只好把部落首领之位传给了其他人。因这种石子棋以围地多者为胜，后来便被称为"围棋"。

扫码看

"井字棋"

围棋在中国古代被称为"弈"。古人所说的"琴棋书画，样样精通"，其中的"棋"就是指围棋。

春秋时期，鲁国有位叫弈秋的人，特别喜欢下围棋。他潜心研究，终于成为当时下棋的第一高手，后来就被人们推崇为围棋"鼻祖"。

围棋在古时还被称为"木野狐"，意思是像狐狸一样勾惑着人心，令人沉迷。有一次，乾隆皇帝路过建福宫花园时，发现值班的侍卫在墙上画棋盘用来下棋，以消磨时光，一气之下将侍卫赶出了紫禁城，还重罚了管理花园的大臣。

在中国历史上，围棋下得好有时可以获得官职。唐玄宗开元年间设置了围棋官职——棋待诏，隶属翰林院。棋待诏专门陪皇帝下棋，教宫人下棋。到了宋代，宋徽宗还设立了女子棋待诏的职位。

现在我们能看到的较早的围棋棋谱是北宋李逸民编的《忘忧清乐集》和敦煌藏经洞出土的《棋经》。

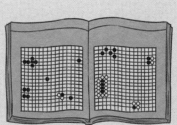

围棋的下法

围棋分黑白两色，纵横各 19 条直线将棋盘分成 361 个交叉点，双方在交叉点轮流下子，一步棋只准下一子，下子后不再移动位置。终局时所占"地盘"多者为胜。